CAMBIOS INCREÍBLES EN LA TIERRA

LAS FORMACIONES TERRESTRES Y SU ORIGEN

De Julie K. Lundgren
Traducción de Santiago Ochoa

Un libro de El Semillero de Crabtree

Crabtree Publishing
crabtreebooks.com

Formaciones terrestres: Todas las características naturales de la superficie sólida de la Tierra.

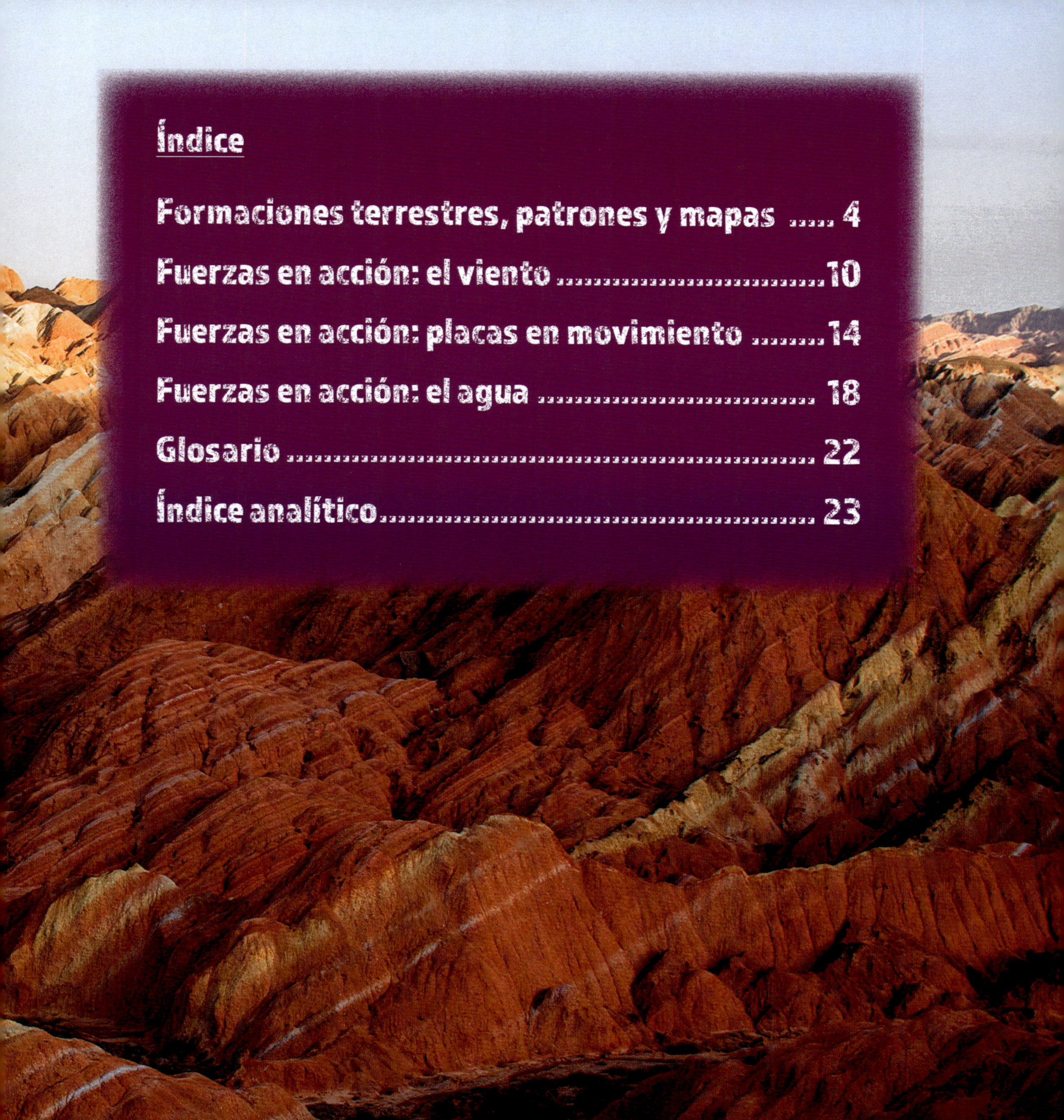

Índice

Formaciones terrestres, patrones y mapas

La superficie de la Tierra varía. Tiene características naturales de todo tipo que conforman las **formaciones terrestres** de nuestro planeta.

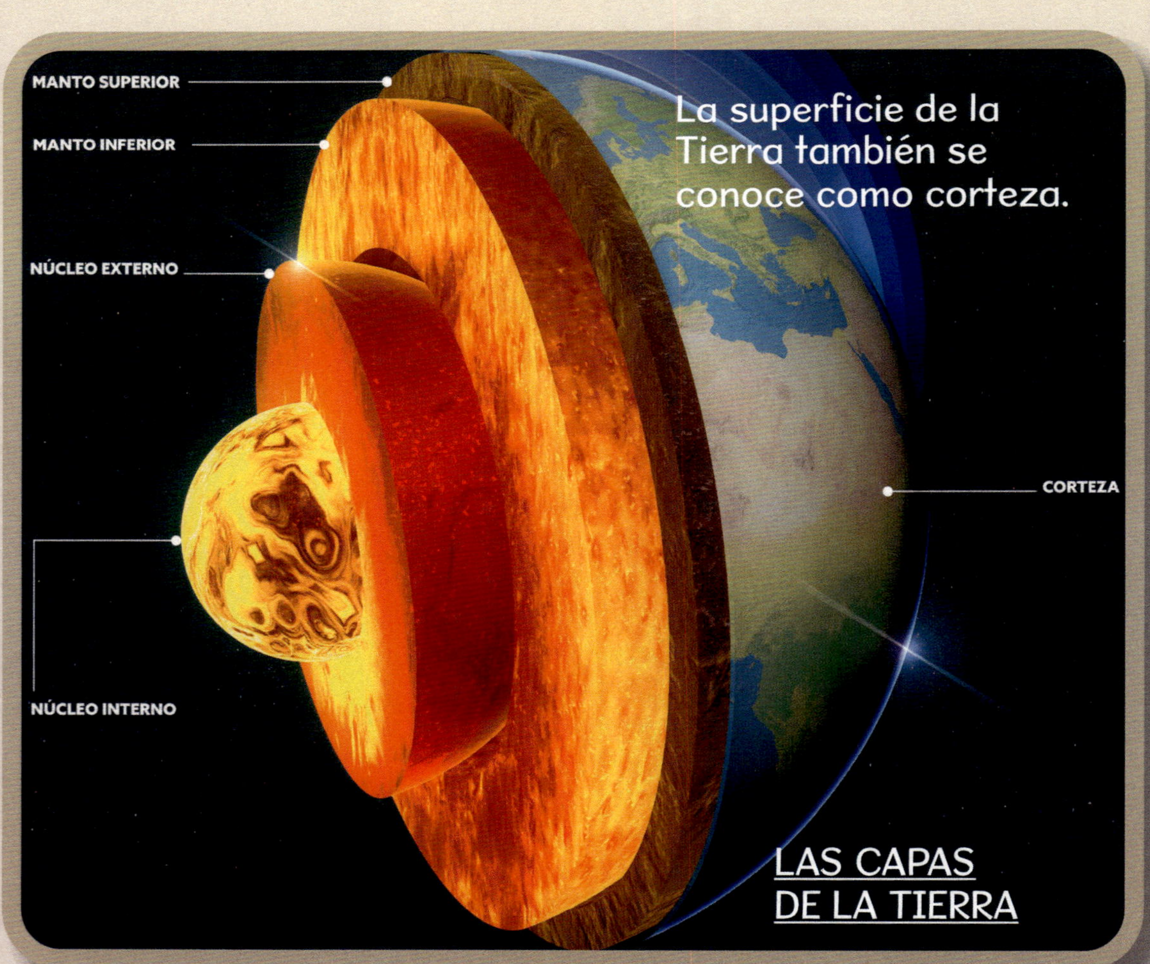

Algunas formaciones terrestres, como los arrecifes de coral, se encuentran bajo el agua.

Gran Barrera de Coral, Australia.

Utilizamos mapas e imágenes de **satélite** para mostrar la forma y la ubicación de las formaciones terrestres en los continentes y en los océanos.

Los océanos Ártico, Atlántico, Índico y Pacífico recibieron sus nombres hace años. El Océano Austral, que rodea a la Antártida, es el más reciente océano en recibir un nombre.

Las montañas son las formaciones terrestres más altas.

Los patrones de las formaciones terrestres proporcionan pistas sobre la larga historia de la Tierra y sobre las fuerzas que crean y dan forma a las formaciones terrestres.

Las capas de roca muestran la historia de la Tierra.

¡A saber!

La **geósfera** es el sistema de la Tierra que tiene que ver con las rocas, los suelos y los minerales.

Fuerzas en acción: el viento

El viento mueve partículas de tierra, arena y polvo a través del aire. Rozan, golpean y raspan las superficies.

El viento esculpe la roca en un desierto.

Un *haboob* es un viento fuerte que crea grandes tormentas de polvo y arena.

¡A saber!

La atmósfera es el sistema que tiene que ver con el aire de la Tierra.

Con el tiempo, las partículas arrastradas por el viento desgastan las rocas, y estas se vuelven lisas. Los **depósitos** de partículas en nuevos lugares crean nuevas formaciones terrestres.

El viento arrastra la arena formando dunas

Fuerzas en acción: placas en movimiento

La corteza terrestre está formada por **placas tectónicas**. Encajan entre sí como piezas de un rompecabezas sueltas y en movimiento.

Las placas tectónicas de la Tierra empujan, tiran y se desplazan.

¡A saber!

La **litósfera** es el sistema que tiene que ver con la capa exterior de la Tierra, incluida la corteza terrestre.

En Islandia, la placa norteamericana y la placa euroasiática se encuentran.

La mayoría de los terremotos y volcanes se producen en los bordes de las placas tectónicas. El **magma** se eleva a través de los volcanes, formando nuevas rocas.

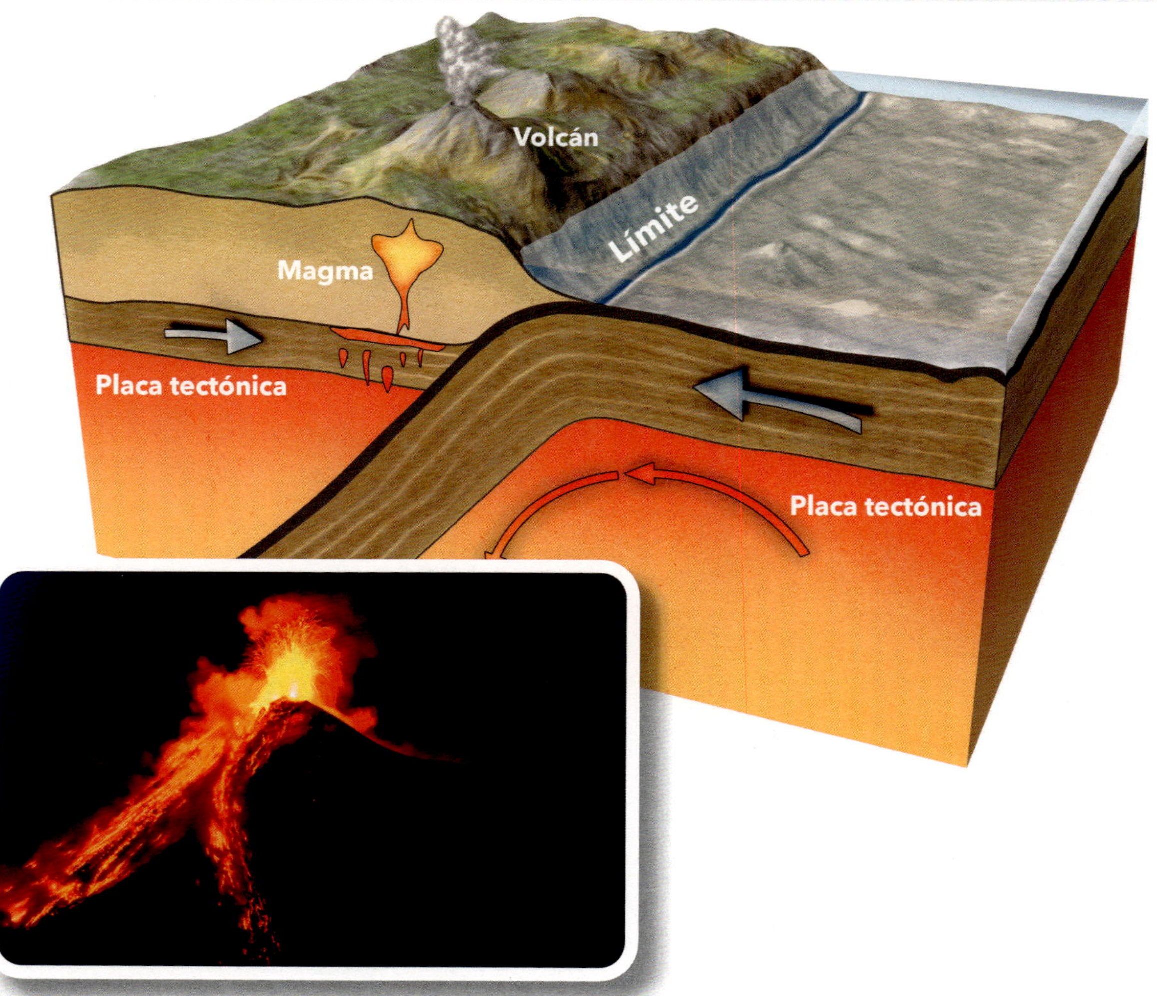

El monte Everest, la montaña más alta del mundo.

Las montañas más altas de la Tierra se formaron cuando las placas tectónicas se empujaron unas a otras.

Fuerzas en acción: el agua

El agua mueve los suelos. Los océanos, los ríos, los lagos, la lluvia y el hielo moldean a las formaciones terrestres mediante la **erosión** y los depósitos.

¡A saber!

La **hidrósfera** es el sistema que tiene que ver con el agua de la Tierra.

Chipre, una isla del Mediterráneo.

El río Colorado dio forma
a este cañón durante
miles de años.

Las personas, las plantas y los animales interactúan con las formaciones terrestres y los sistemas naturales de la Tierra.

Glosario

depósitos: Capas o montones de arena, suelos o rocas arrojadas por el viento o el agua.

erosión: Desgaste de rocas u otras superficies.

formaciones terrestres: Todas las características naturales de la superficie sólida de la Tierra.

geósfera: Las partes sólidas de la Tierra, incluidas las rocas, los suelos y los minerales.

hidrósfera: El sistema que se refiere al agua de la Tierra, incluyendo la lluvia, los océanos, los ríos y los lagos.

litósfera: El sistema que incluye la corteza terrestre y sus placas.

magma: Roca caliente y derretida que se encuentra bajo la superficie de la Tierra.

placas tectónicas: Amplias secciones de la corteza terrestre que cambian y se mueven.

satélite: Equipo que se envía al espacio y que se desplaza alrededor de la Tierra, algunos de los cuales toman fotografías y recogen otra información.

Índice analítico

El cambio climático, el crecimiento de las ciudades y el aumento de la minería y la industria afectan a los sistemas y formaciones terrestres, al igual que a nosotros.

¡PROTEGE NUESTRO PLANETA!

- Reduce, reutiliza y recicla.
- Repara las llaves que gotean.
- Apaga las luces cuando salgas de una habitación.
- Camina, usa la bicicleta o el autobús.
- Come alimentos cultivados o producidos localmente.

Apoyo escolar para cuidadores y profesores

Este libro ayuda a los niños a crecer permitiéndoles practicar la lectura. A continuación se presentan algunas preguntas orientativas para ayudar al lector a desarrollar su capacidad de comprensión. Las posibles respuestas que aparecen aquí están en color rojo.

Antes de leer

- **¿De qué creo que trata este libro?** Creo que este libro trata de las formaciones rocosas y de su evolución a lo largo del tiempo. Creo que este libro trata de los cambios físicos que ha sufrido la Tierra.
- **¿Qué quiero aprender sobre este tema?** Quiero aprender más sobre las diferentes capas de la Tierra. Quiero aprender cómo el agua moldea las formaciones terrestres.

Durante la lectura

- **Me pregunto por qué...** Me pregunto por qué algunas montañas son mucho más altas que otras. Me pregunto por qué y cómo se forman las dunas de arena.
- **¿Qué he aprendido hasta ahora?** He aprendido que la litosfera es el sistema que tiene que ver con la corteza terrestre. He aprendido que la mayoría de los terremotos y volcanes se producen en los bordes de las placas tectónicas.

Después de leer

- **¿Qué detalles he aprendido sobre este tema?** He aprendido que las montañas más altas de la Tierra se formaron cuando las placas tectónicas se empujaron y desplazaron unas contra otras. He aprendido que el agua mueve los suelos y que los ríos moldean las formaciones terrestres mediante la erosión y los depósitos.
- **Vuelve a leer el libro y busca las palabras del glosario.** Veo las palabras *formaciones terrestres* en la página 4 y la palabra *erosión* en la página 18. Las demás palabras del glosario se encuentran en la página 22.

Crabtree Publishing

crabtreebooks.com 800-387-7650

Print book version produced jointly with Blue Door Education in 2022

Hardcover	978-1-0396-4826-5
Paperback	978-1-0396-4953-8
Ebook (pdf)	978-1-0396-8945-9
Epub	978-1-0396-9072-1
Read-along	978-1-0396-9199-5
Audio book	978-1-0396-9326-5

Printed in Canada/082024/CPC20240815

Library and Archives Canada Cataloguing in Publication
Available at the Library and Archives Canada

Library of Congress Cataloging-in-Publication Data
Available at the Library of Congress

Published in Canada
Crabtree Publishing
616 Welland Avenue
St. Catharines, Ontario
L2M 5V6

Published in the United States
Crabtree Publishing
347 Fifth Avenue
Suite 1402-145
New York, NY 10016

Written by: Julie K. Lundgren
Translation to Spanish: Santiago Ochoa
Spanish-language copyediting and proofreading: Base Tres

Photo Credits: www.shutterstock.com, www.istock.com ; Front Cover: shutterstock.com|Dean Fikar. P2-3: istock.com|Nithid. P4-5: Shutterstock.com| Naeblys, Huw Thomas, NASA. P6-7: NASA, shutterstock.com| Rimma Z. P8-9: istock.com|Dmytro Kosmenko, jamesvancouver. shutterstock.com| Jeroen Mikkers. P10-11: istock.com|pawopa3336, shutterstock.com| Caleb Holder, Maxim Petrichuk. P12-13: istock.com|Kim Grosz, Petrichuk. P14-15: shutterstock.com|Mopic, Jose Arcos Aguilar, Designua. P16-17 and back cover: shutterstock.com|Andrea Danti, istock.com|DanielPrudek. P18-19: shutterstock.com| Johnny Adolphson, stock.com|DmitryVPetrenko. P20-21: istock.com|noblige, Sohadiszno, shutterstock.com| Chris Curtis P22-23: istock.com|chuyu